PALÉONTOLOGIE

FRANÇAISE.

Ouvrages du même auteur :

Qui se trouvent

Chez Victor MASSON, libraire-éditeur, rue et place de l'École de Médecine, 17.

—

TERRAINS CRÉTACÉS.

Conditions de la souscription.

Par livraison in-8° de 4 planches sur beau papier et du texte correspondant :
Pour Paris, 1 fr. 25 c. — Pour les départemens, 1 fr. 35 c.

Écrire franco.

Les huit volumes parus contiennent les mollusques céphalopodes, gastéropodes, lamellibranches, brachiopodes et bryozoaires,

PALÉONTOLOGIE FRANÇAISE,

TERRAINS JURASSIQUES.

Il a déjà paru 64 livraisons renfermant tous les céphalopodes et le commencement des gastéropodes.

Les prix sont par livraison, comprenant 4 planches in-8° tirées sur papier vélin, et du texte correspondant :

Pour Paris, 1 fr. 25 c. — Pour les départemens, 1 fr. 35 c.

COURS ÉLÉMENTAIRE DE PALÉONTOLOGIE ET DE GÉOLOGIE STRATIGRAPHIQUES.

DONT LE COMPLÉMENT EST LE PRODROME SUIVANT.

2 vol. in-12, avec 628 figures gravées sur cuivre et 18 tableaux. Prix 10 fr.
Le premier volume est en vente.

PRODROME DE PALÉONTOLOGIE STRATIGRAPHIQUE UNIVERSELLE

DES ANIMAUX MOLLUSQUES ET RAYONNÉS,

Faisant suite au COURS ÉLÉMENTAIRE DE PALÉONTOLOGIE ET DE GÉOLOGIE STRATIGRAPHIQUES.

3 vol. in-12, entièrement terminés. Prix 24 fr.
Les deux premiers volumes sont en vente.

FORAMINIFÈRES FOSSILES DU BASSIN DE VIENNE

(Autriche).

1 volume in-4° avec 21 planches du même format. — Prix : 25 fr.

PARIS. — TYPOGRAPHIE COSSON, RUE DU FOUR-SAINT-GERMAIN, 43.

PALÉONTOLOGIE
FRANÇAISE.

Description zoologique et géologique

DE TOUS

LES ANIMAUX MOLLUSQUES ET RAYONNÉS
Fossiles de France,

COMPRENANT LEUR APPLICATION A LA RECONNAISSANCE DES COUCHES,

PAR ALCIDE D'ORBIGNY,

DOCTEUR ÈS SCIENCES, PROFESSEUR SUPPLÉANT DE GÉOLOGIE A LA FACULTÉ DES
SCIENCES DE PARIS, CHEVALIER DE L'ORDRE NATIONAL DE LA LÉGION-D'HONNEUR,
DE L'ORDRE DE SAINT-WLADIMIR DE RUSSIE, DE L'ORDRE DE LA COURONNE DE FER
D'AUTRICHE, OFFICIER DE LA LÉGION-D'HONNEUR BOLIVIENNE, DES SOCIÉTÉS
PHILOMATIQUE, DE GÉOLOGIE, DE GÉOGRAPHIE ET D'ETHNOLOGIE DE PARIS,
MEMBRE HONORAIRE DE LA SOCIÉTÉ GÉOLOGIQUE DE LONDRES, DES ACADÉMIES
ET SOCIÉTÉS SAVANTES DE TURIN, DE MADRID, DE MOSCOU, DE PHILADELPHIE,
DE RATISBONNE, DE MONTEVIDEO, DE BORDEAUX, DE NORMANDIE,
DE LA ROCHELLE, DE SAINTES, DE BLOIS, ETC. ;

AVEC

Des figures de toutes les espèces, lithographiées d'après nature,

PAR M. J. DELARUE.

TERRAINS CRÉTACÉS.

ATLAS

TOME QUATRIÈME,

CONTENANT LES BRACHIOPODES.

A PARIS,

Chez VICTOR MASSON, libraire-éditeur, rue et place de
l'École-de-Médecine, 17.
1851.

Lingula Rauliniana , d'Orb. G.

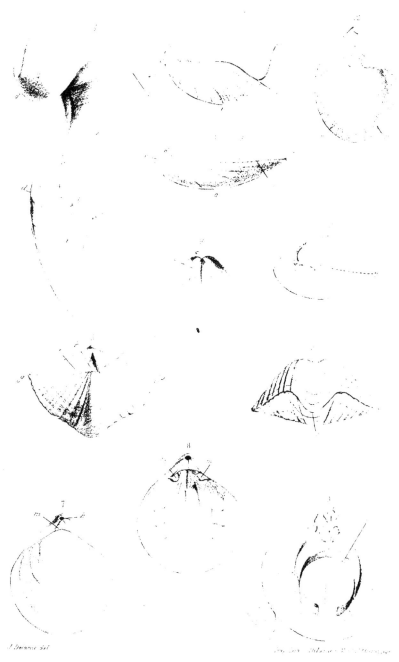

Généralités.

J. Delarue del.   Imp. J. Delarue.

1-7. *Rhynchonella depressa*, d'Orb. N.
8-17. R._____ *lata*, d'Orb. N.

J.Delarue del.

Imp.Lith.Monrocq rue V.ed S.t Vincent.e 2.

1 .4. *Rhynchonella Astieriana* , *d'Orb. N.*
5 _ 8 *R.* _____ *Renauxiana* , *d'Orb. N.*

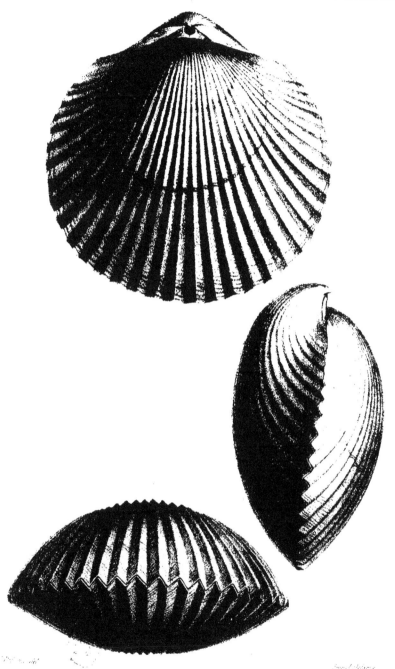

Rhynchonella peregrina, d'Orb. N.

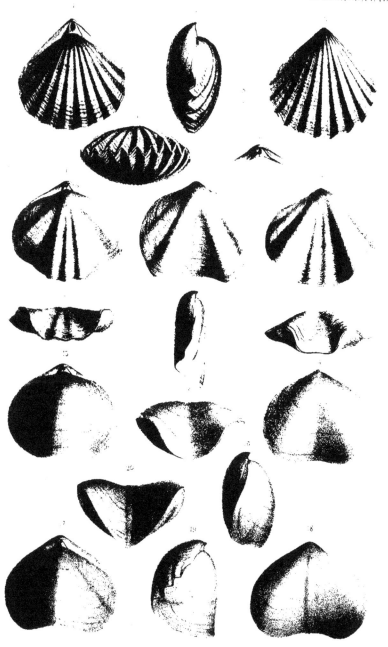

Rhynchonella paucicosta, d'Orb. N. 13–16: Rhynchonella decipiens, d'Orb. N.
R. _____ contracta, d'Orb. N. 17–20 R. _____ Moutoniana, d'Orb. N.

J.Delarue del.   Imp.J.Delarue.

1.7. *Rhynchonella sulcata*, d'Orb. G.   13.17. *Rhynchonella Emerici*, d'Orb. G.
8.12. R. _____ *Clementina*, d'Orb. G.   18.22. R. _____ *pecten*, d'Orb. G.

J.Delarue.del.   Imp.Lith.J.Delarue rue Neuve.St Geneviève.2.

1–2. *Rhynchonella polygona*, d'Orb. G.
3–13. R. _____ *Lamarckiana*, d'Orb. CC.
14–17. R. _____ *contorta*, d'Orb. CC.

1 _ 6.   *Rhynchonella compressa*, d'Orb. C.

7 _ 10   R. _____ *Grasiana*, d'Orb. C.C.

11 _ 16.   R. _____ *Cuvieri*, d'Orb. C.C.

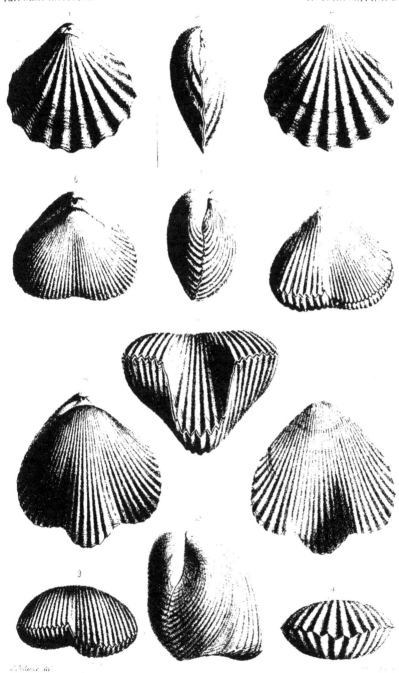

1 _ 5.   *Rhynchonella Mantelliana* d'Orb. C.
6 _ 9.   R._ _ _ _ _ _ *difformis*. d'Orb. C.
10 _ 13.   R._ _ _ _ _ _ *Beangasu*. d'Orb. C.

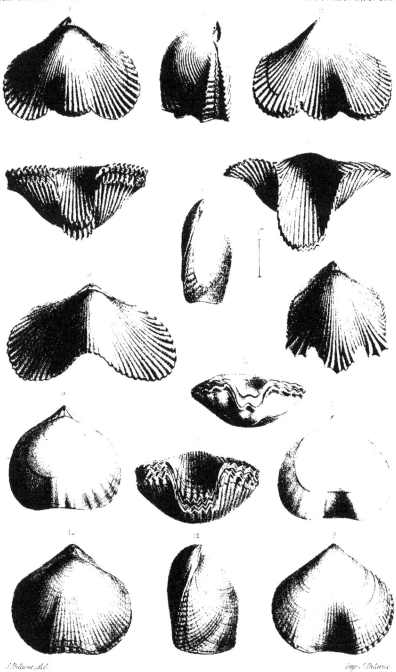

J.Delarue del.   imp. J.Delarue.

1. 2. Rhynchonella Antidichotoma, d'Orb. G.
3. 4. R.　　　　　Guerinii, d'Orb. V.

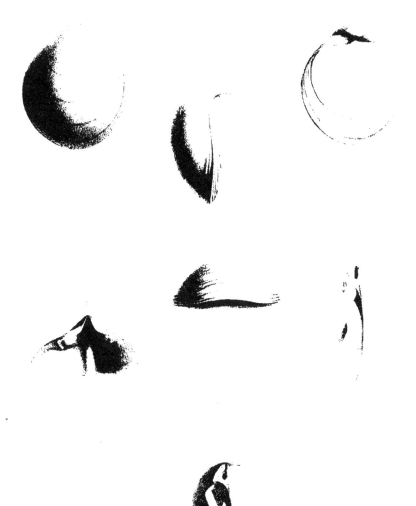

Magas pumilus Sow. C.

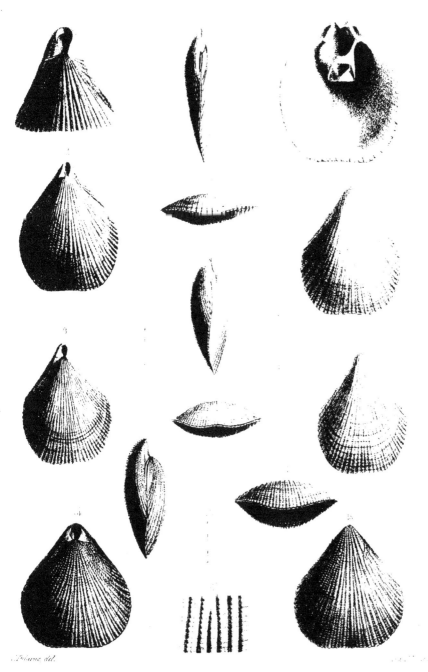

1.2. Terebratulina Caput-serpentis, d'Orb.   8.12. Terebratulina Martiniana d'Orb.6.
3.7. T._____ auriculata, d'Orb. N. 13.18. T.____ ___ Campaniensis.d'Orb.11.

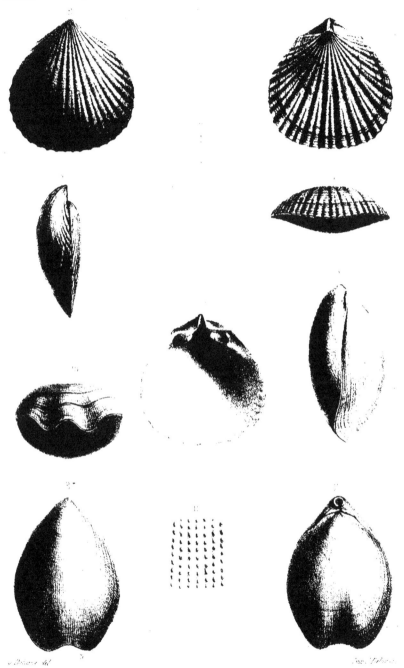

1.6. Terebratulina gracilis, d'Orb. CC.
7.11. T.   echinulata, d'Orb C.

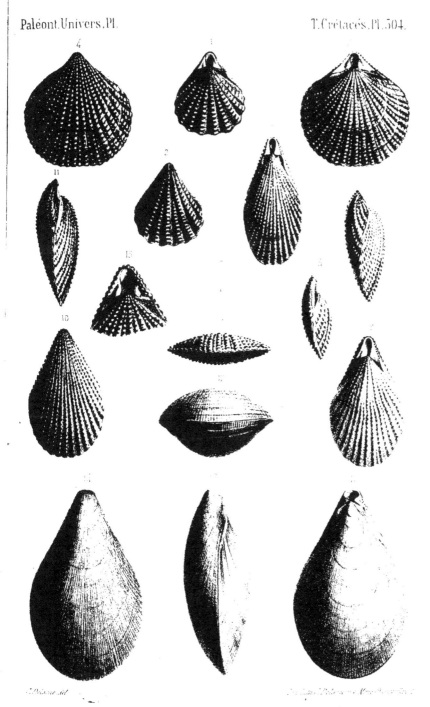

1. 8. *Terebratulina Dutempleana* d'Orb. C.
9. 17. T. _____ *Striata* d'Orb. C.

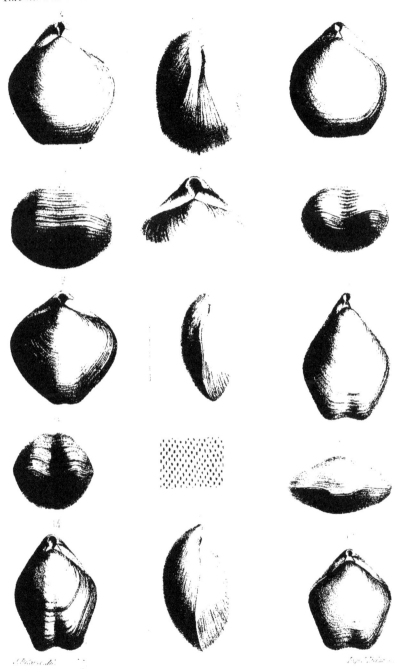

1_10. *Terebratula tamarindus*, Sow. N.
11_16. *T. pseudo-jurensis*, Leym. N.

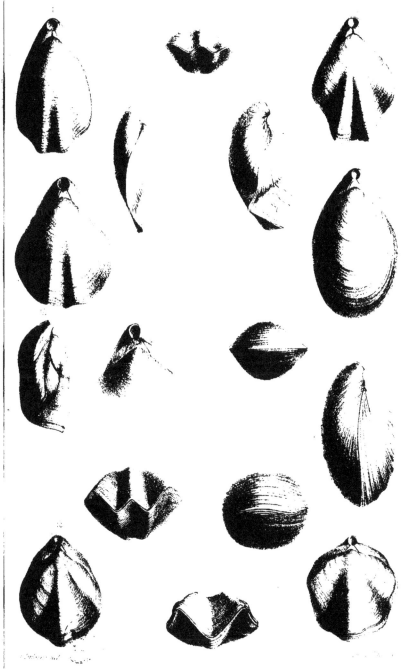

1 7.   Terebratula   prolonga Sow. A.
5 8.   T. ————— jaba Sow. A.
13 16. T. ————— Moreana d'Orb. V.

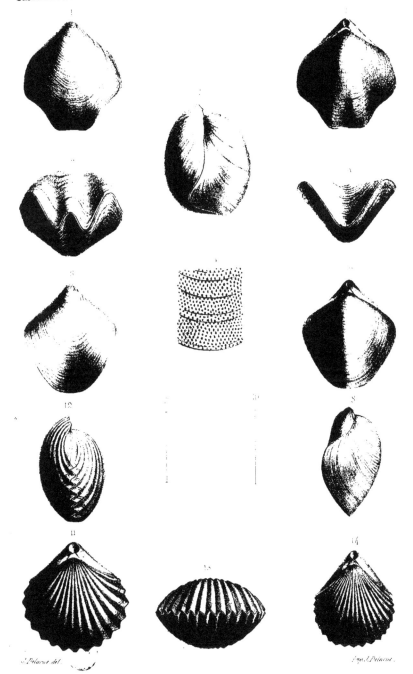

1..5. *Terebratula   Carteroniana* , d'Orb. N.
6..10. T.___ ____ *Collinaria*, d'Orb. N.
11..14. T.__ _____ *Marcousana*, d'Orb. N.

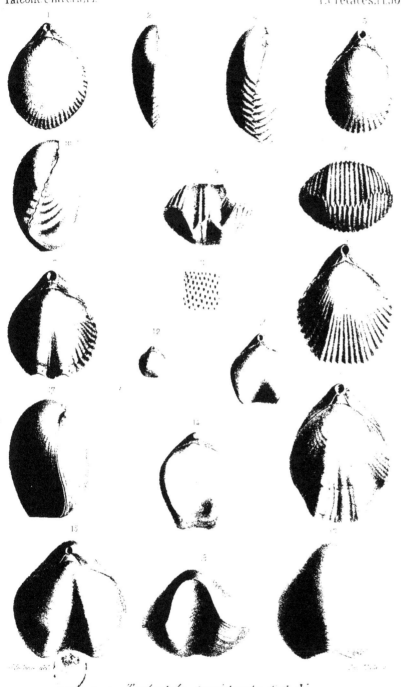

1 . 11. *Terebratula semistriata*, Defr. N.
12 . 18. *T. _____ hippopus*, Bram. N.

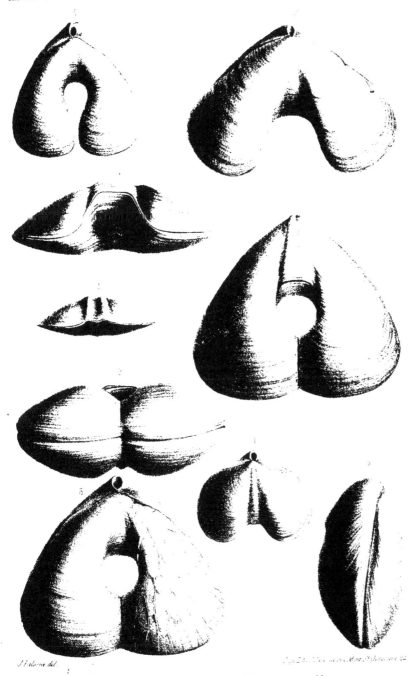

Terebratula diphyoides, d'Orb. N.

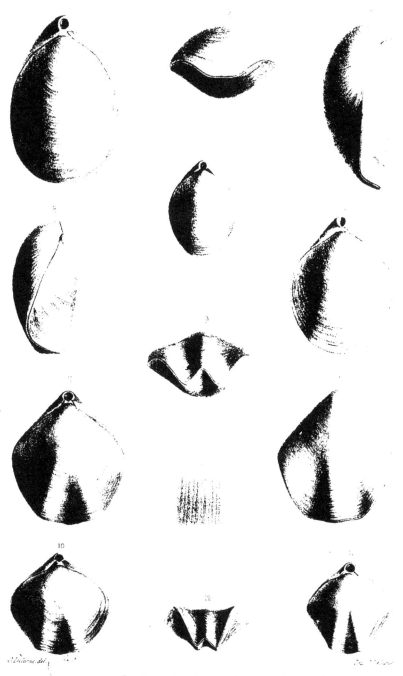

1_5 Terebratula Moutoniana , d'Orb. A.N.
6_12 T. _____ sella , Sow. A.N.

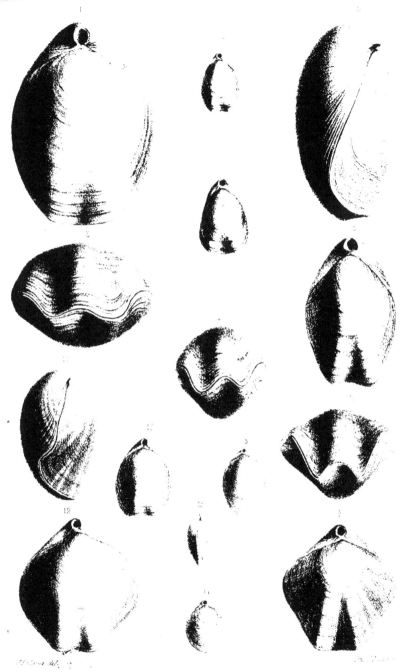

1_8. Terebratula Dutempleana. d'Orb. 6.
9_15. T_____ biplicata Brœ. C.

1_5 Terebratula lima, Dej. CC.
6_11 T._____ lacrymosa, d'Orb. CC.
12_19 T.___ ____ disparilis, d'Orb. CC.

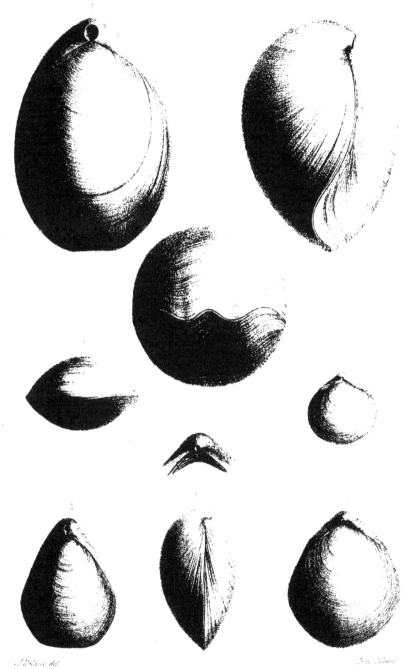

1_4. *Terebratula obesa* Sow. CC.
5_8. *T._____ carnea* Sow. C.

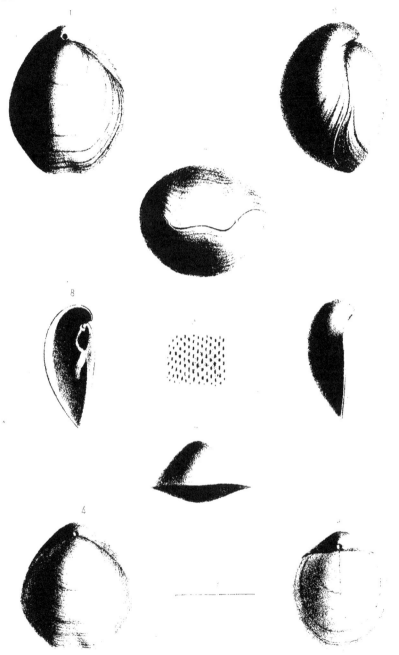

Terebratula semiglobosa, Sow. C.
3. 10. T._____ Hebertina. d'Orb C.

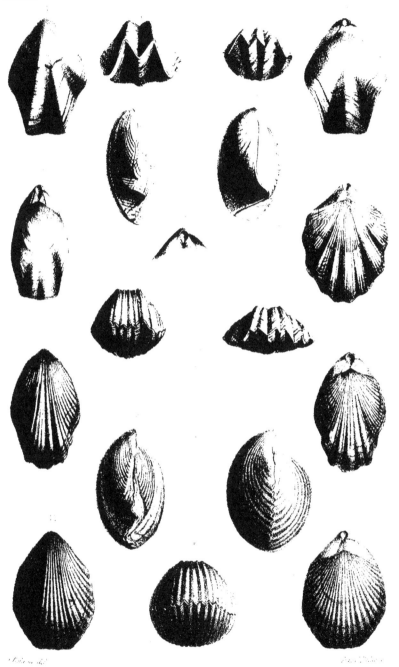

1. 6.   *Terebratella reticulata. d'Orb. X.*
7. 19.   *T._____ oblonga. d'Orb. X.*

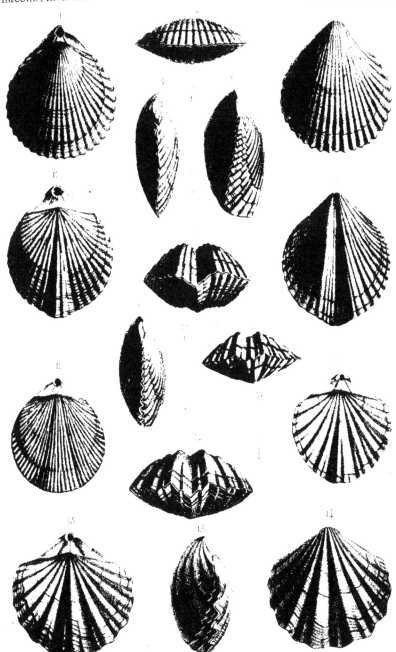

1_5. *Terebratella neocomiensis*, d'Orb. N.

6_12. T. _____ *Astieriana*, d'Orb. A.

13_19. T. _____ *Moreana*, d'Orb. G.

1_15. Terebratella Menardi. d'Orb. CC.
16_20. T._____ pectita. d'Orb. CC.

1 _ 4. *Terebratella Corantonensis*, d'Orb. CC.

5 _ 9. T. _____ *Santonensis*, d'Orb. CC.

10 _ 16. T. _____ *Bourgeoisii*, d'Orb. CC.

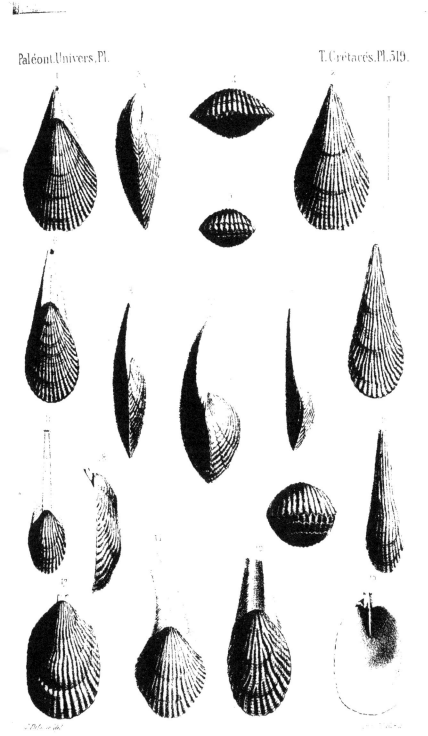

1.5. *Terebrirostra neocomiensis*, d'Orb. N.
6.10. T. _____ Arduennensis, d'Orb. G.
11.19. T. _____ lyra, d'Orb. C.C.

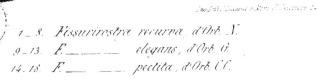

1_8. Fissurirostra recurva, d'Orb. N.
9_13. F._____ elegans, d'Orb. G.
14_18. F.____ ___ pectita, d'Orb. C.C.

1 _ 11. *Megathiris canciformis*. d'Orb. C.
12 _ 16. M_____ *depressa*. d'Orb. C.

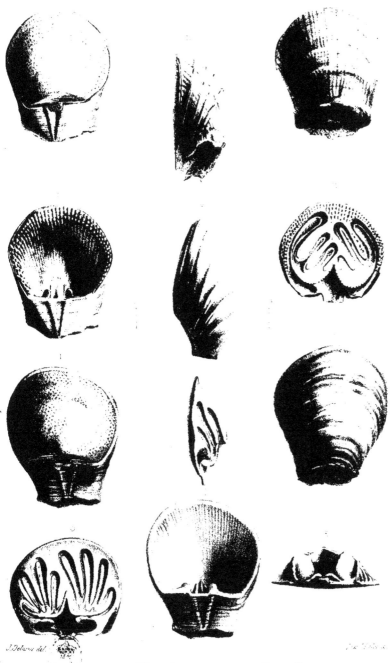

1 — 7. *Thecidea tetragona*, *Ram. N.*
8. 14. *T. _____ hippocrepis*, *Goldf. CC.*

1—8. *Thecidea papillata*, Brong. C.
9—17. *T. ——— recurvirostra*, Defr. C.

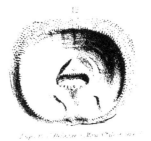

1-4. *Crania costumacensis*, d'Orb. C.C.
5-7. *C. Rhotomagensis*, d'Orb. C.C.
8-13. *C. Parisiensis*, Def. C.

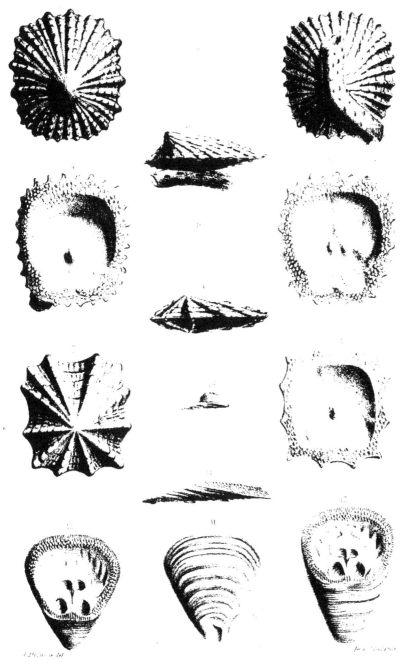

1_6 Crania ignabergensis Retzius C.
7_10 C._____ costata. Sow C.

Hippurites cornu vaccinum Bronn.

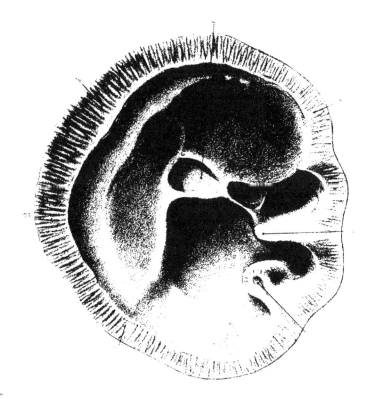

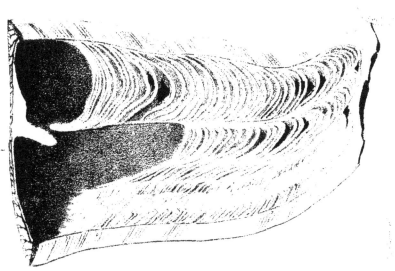

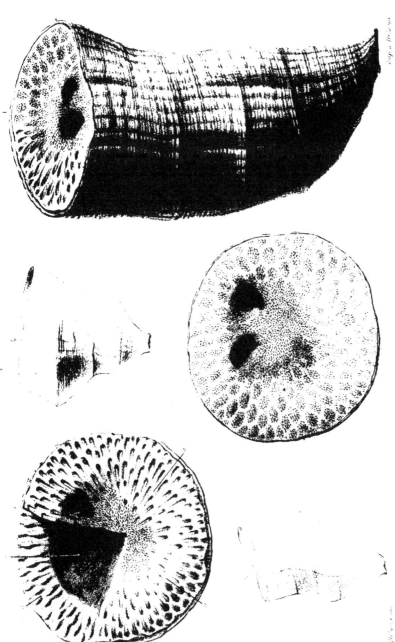

Hippurites dilatata Defr. C.

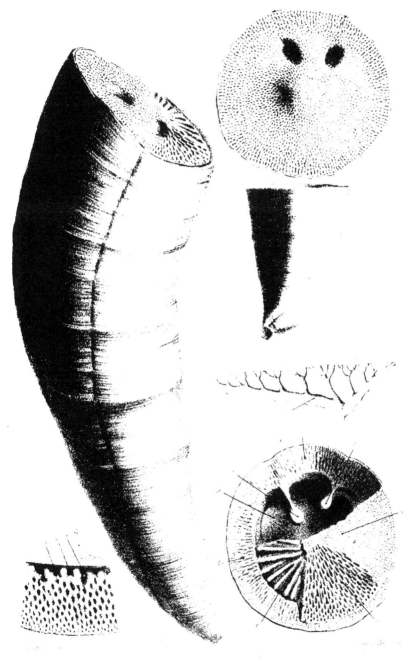

Hippurites bioculata Lam C.

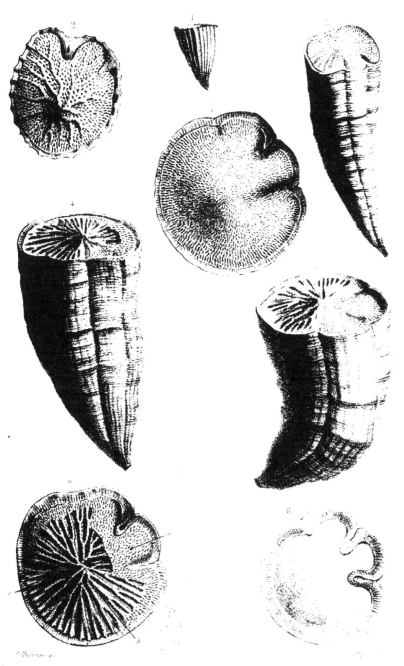

Hippurites canaliculata Roland C.

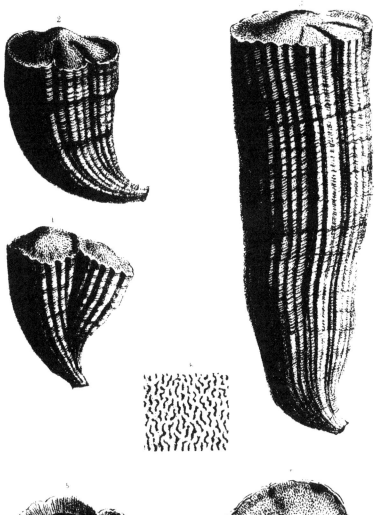

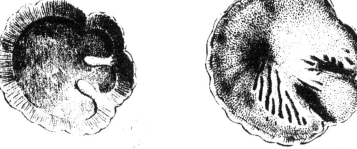

Hippurites sulcatus.Defrance C.

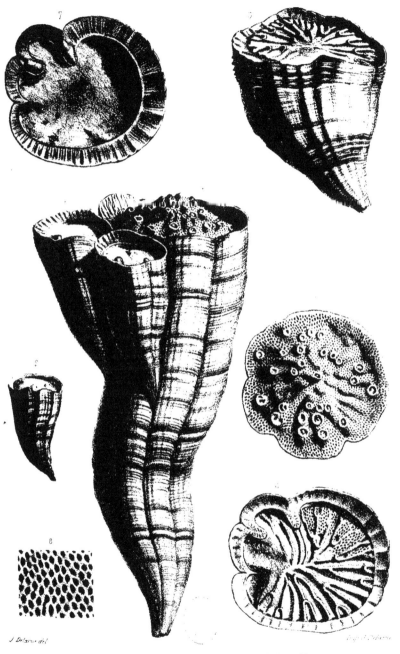

J. Delarue del.   Imp. I. Delarue

Hippurites Toucasiana, d'Orb. C

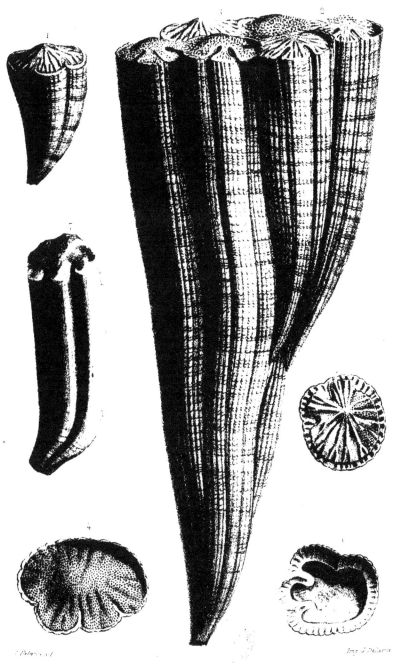

Hippurites organisans. Desmoul. C.

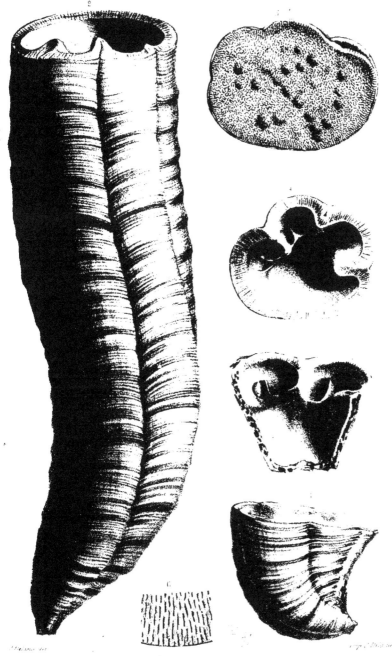

Hippurites Requieniana, Matheron. C.

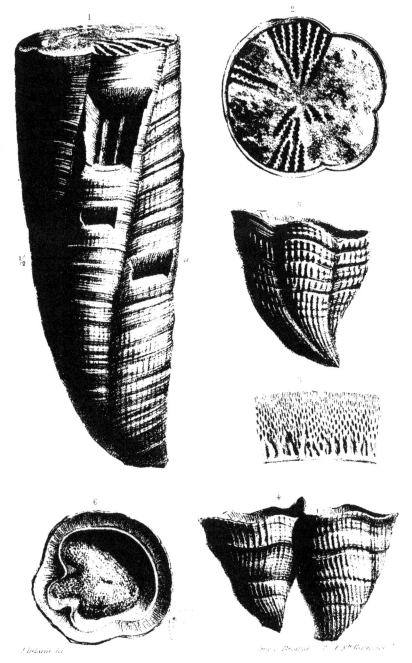

1 . 3 *Hippurites radiosa* Desmoulins . *C.*
4 . 6 *H* _____ *Espaillaca* d'Orb. *C*

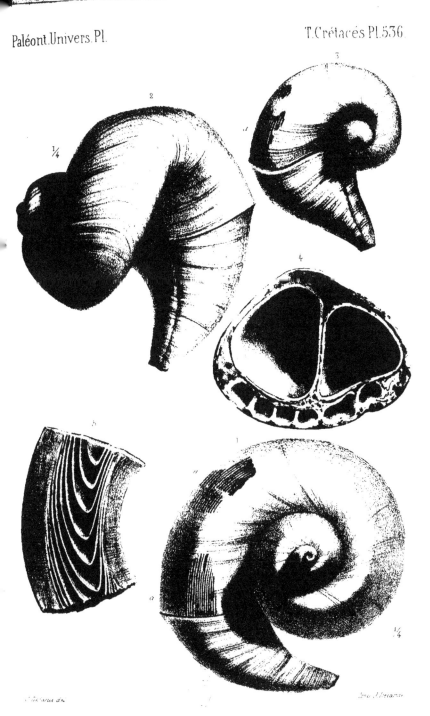

Caprina adversa .C. d'Orb.C.C.

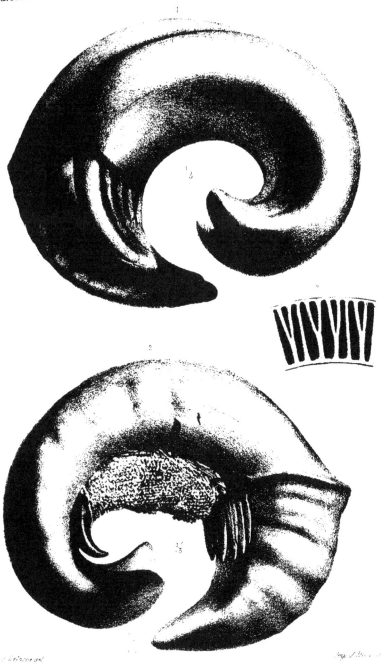

Caprina adversa, C.d'Orb.C.C.

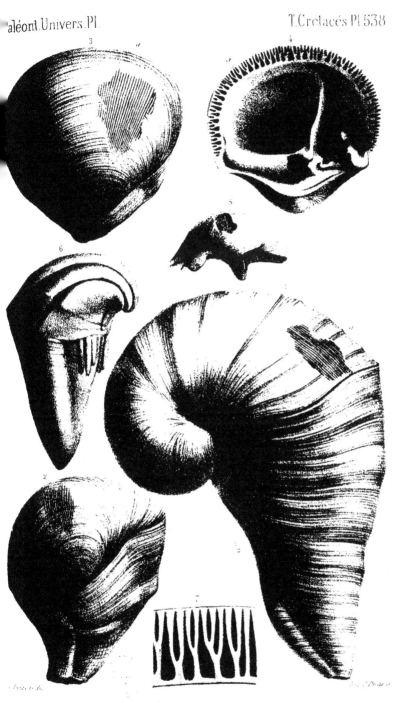

Caprina Aguilloni. d'Orb. 1839 C.

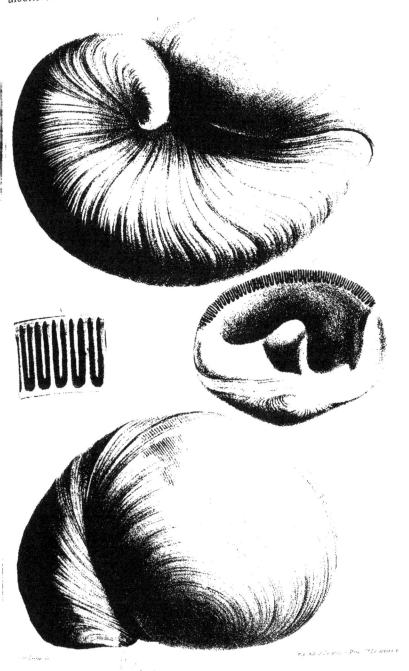

Caprina Coquandiana .d'Orb 1859 C.

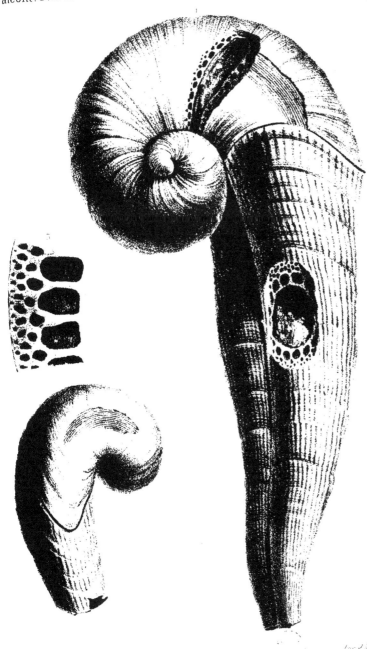

Imp. J. Debon

Caprimula Boissyi. d'Orb. C.

Caprinella Doublieri, d'Orb. N. Sup

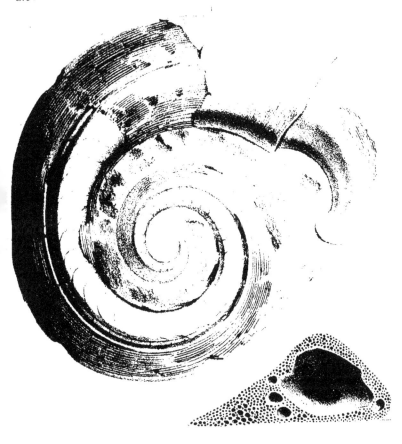

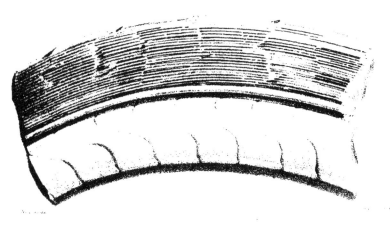

Caprinella triangularis d Orb CC

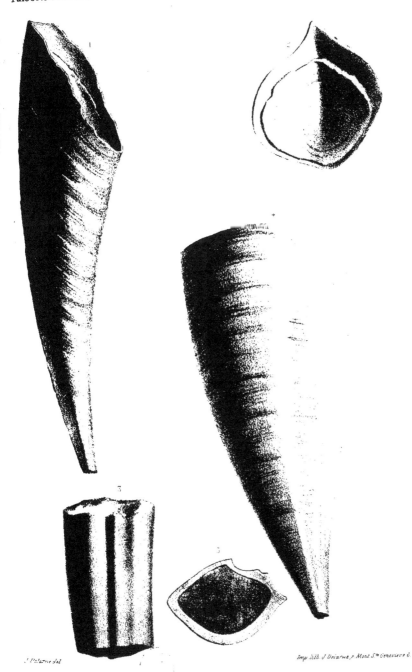

J.Delarue del.   Imp.lith.J.Delarue,r.Mont S.te Genevieve 6.

1.3 *Radiolites neocomiensis*. d'Orb. N. inf.

4,5. R _____ *Marticencis*, d'Orb. N. sup.

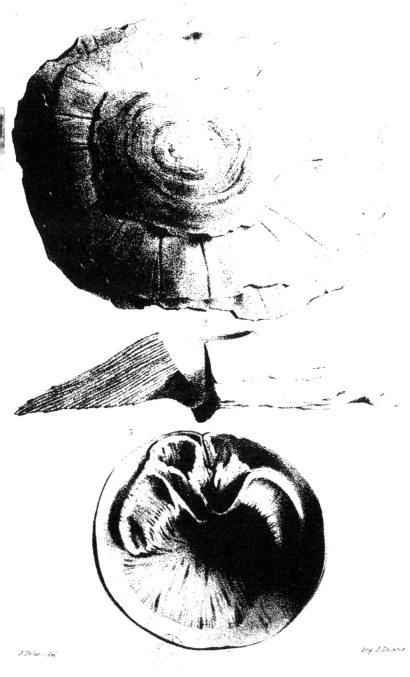

Radiolites agariciformis. d'Orb. CC.

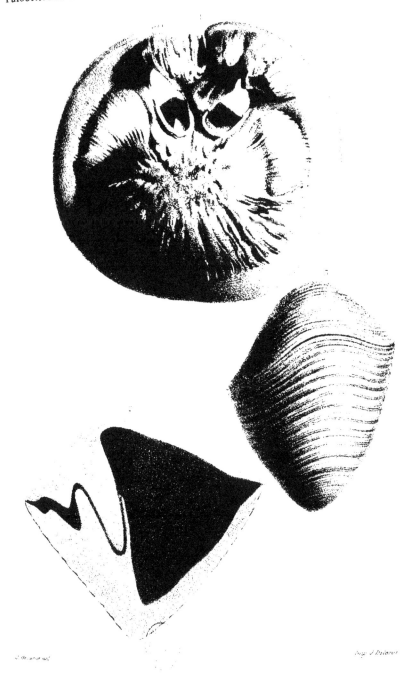

Radiolites agariciformis, d'Orb C.C.

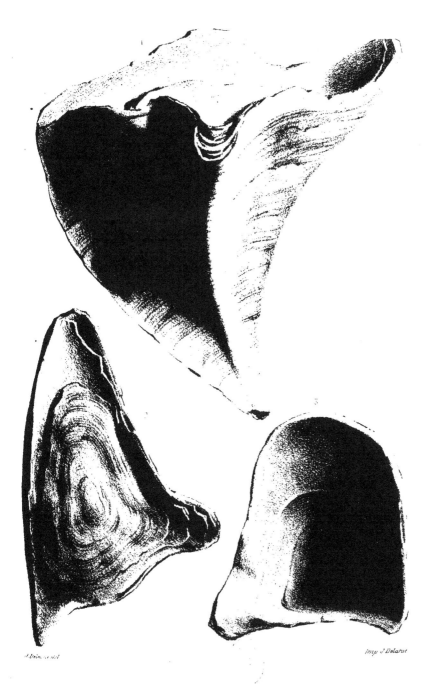

Radiolites triangularis d'Orb.C.C.

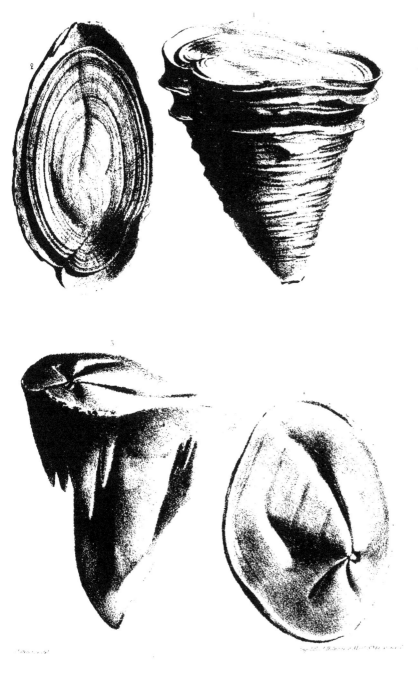

Radiolites polyconilites, d'Orb. C.C.

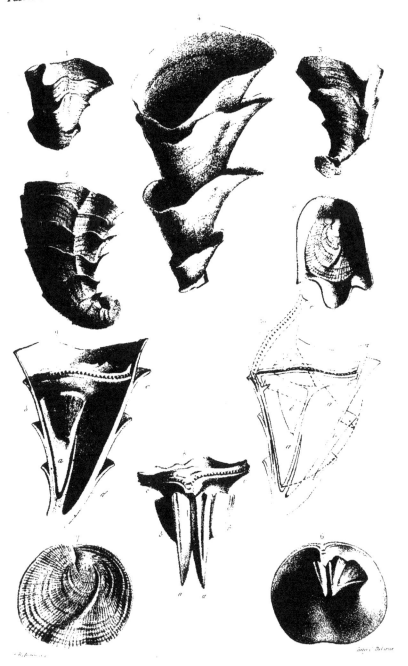

Radiolites Pleuriansiana d'Orb. C.C.

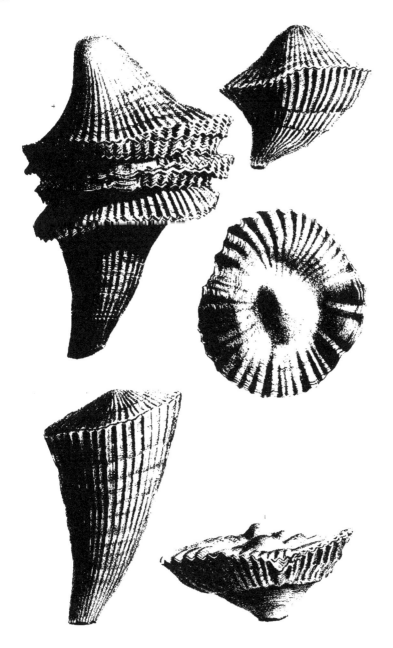

Radiolites angeiodes Lam.C.

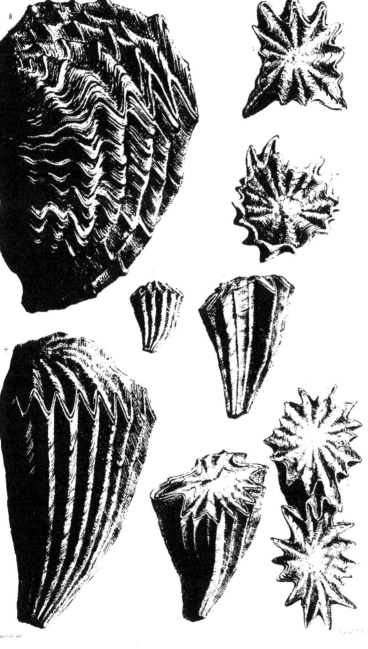

Radiolites aculicostata , d'Orb C?

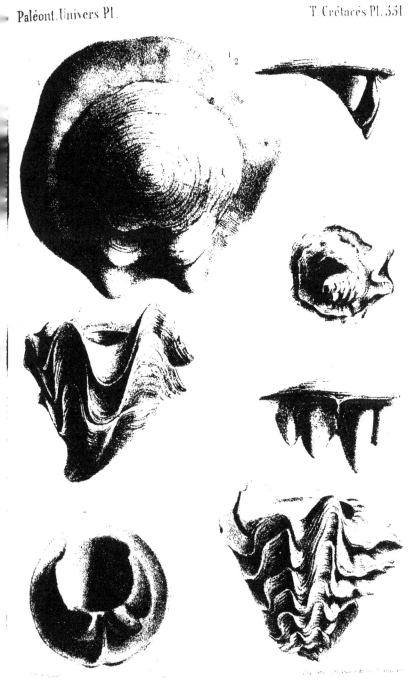

Radiolites Desmouliniana Matheron C.

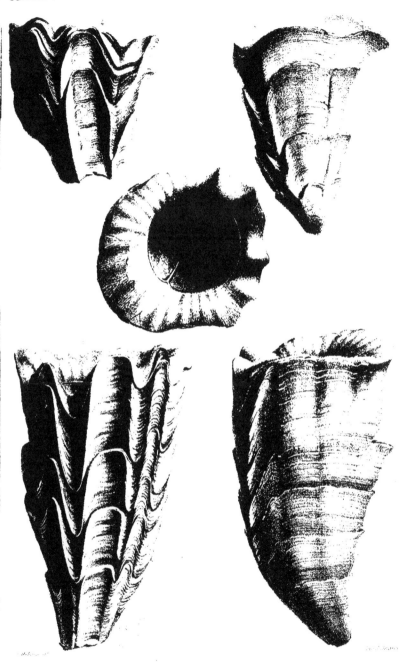

Radiolites Ponsiana d'Orb C.

Radiolites Sauvagesii d'Orb. C.

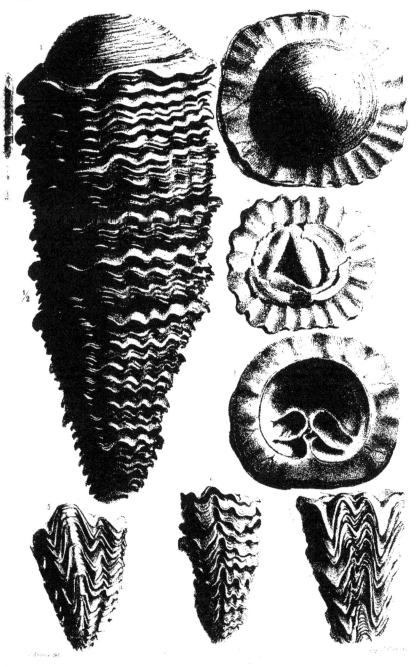

Radiolites radiosa d'Orb. C.

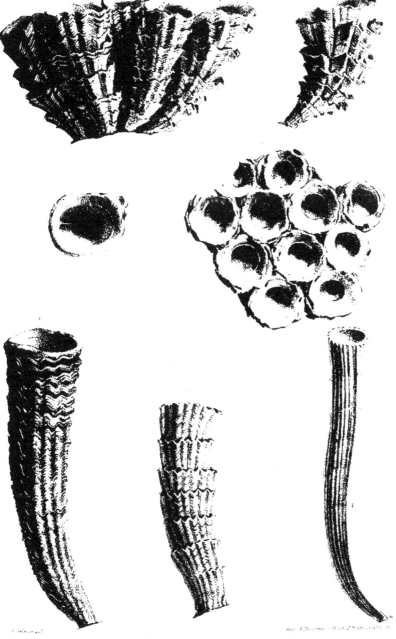

1-3 *Radiolites socialis. d'Orb. C.*

4-5 *R ——— lombricalis. d'Orb. C.*

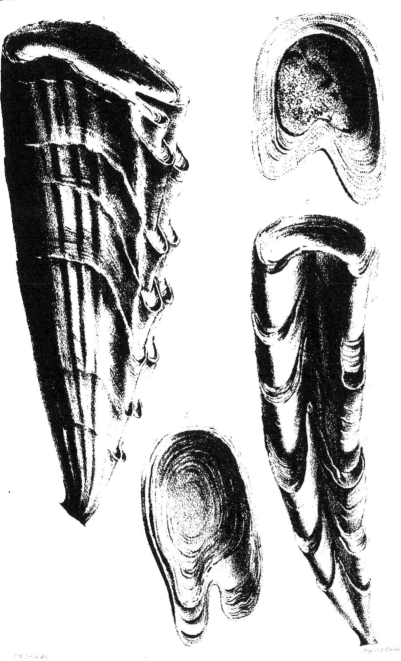

Radiolites excavata .d Orb C.

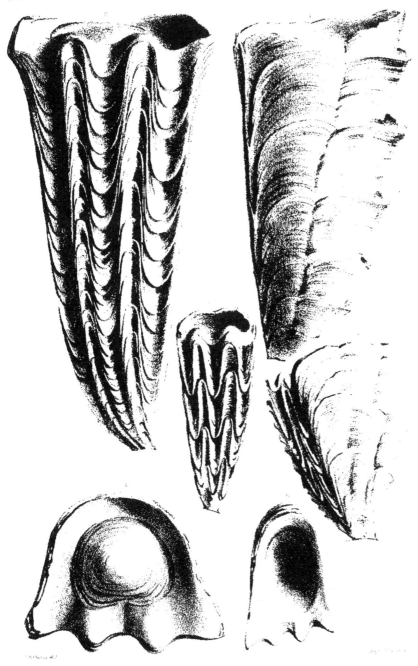

Radiolites Toucasiana, d'Orb C.

Radiolites Pailletteana d'Orb C.

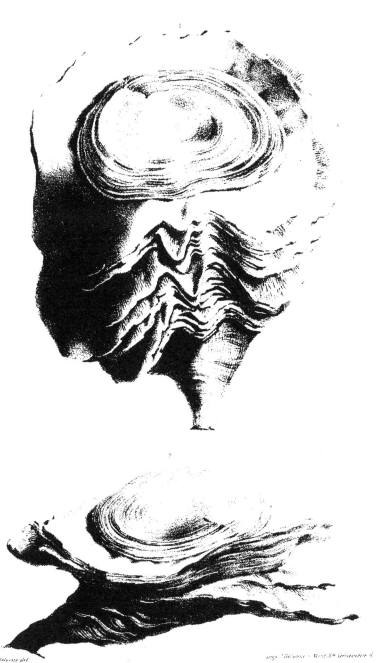

J.Delarue del   imp. Delarue - Mont S.te Geneviève ɓ

Radiolites Martiniana .d Orb. C.

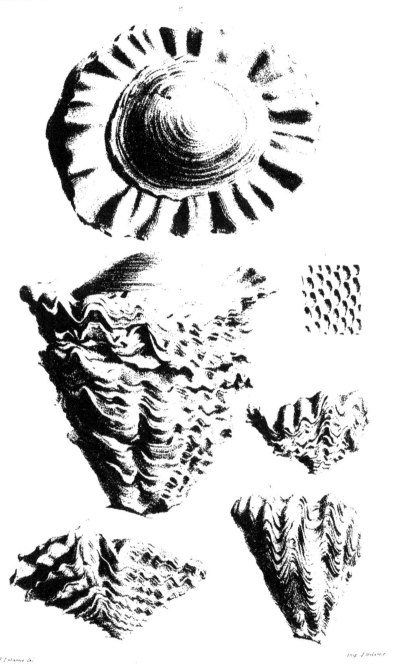

Radiolites mammillaris, Mathéron C.

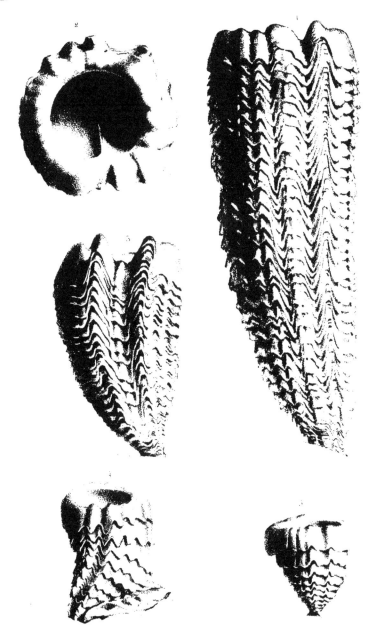

Radiolites squamosa, d'Orb.

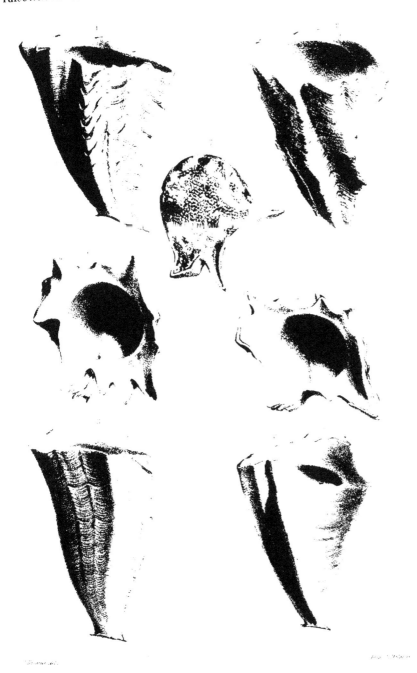

1-4 Radiolites angulosa, d'Orb C.
5-7 R ——— irregularis d'Orb C.

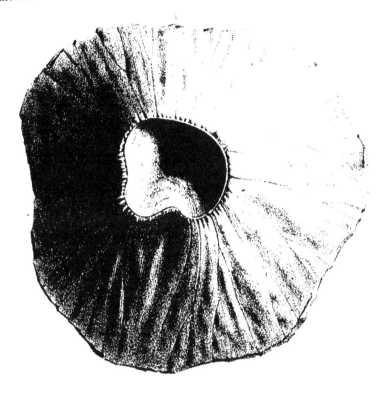

Radiolites crateriformis, d'Orb C.

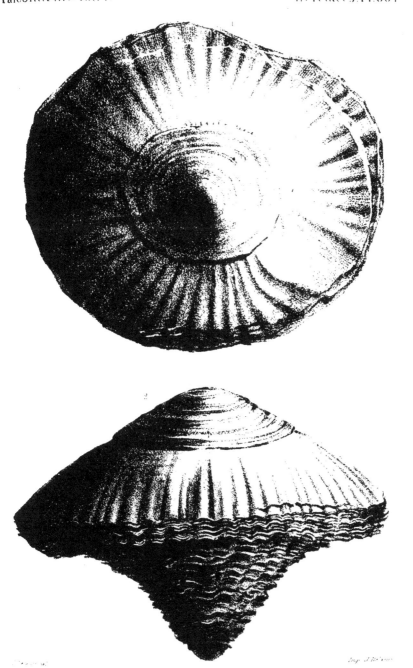

Radiolites Jouannetii d'Orb. C.

Radiolites Hæninghaussii d'Orb C.

Radiolites Hœninghaussii d'Orb.C.

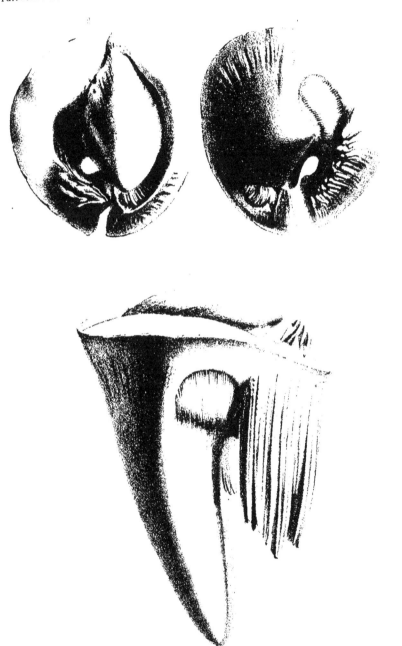

Radiolites Hoeninghaussii d'Orb.

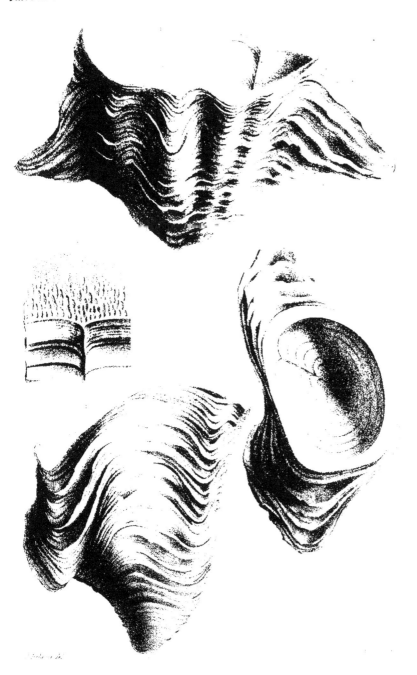

Radiolites dilatata d'Orb.

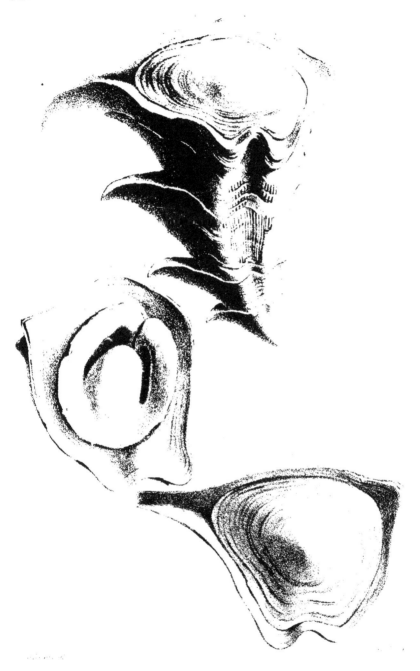

Radiolites alata d'Orb. C.

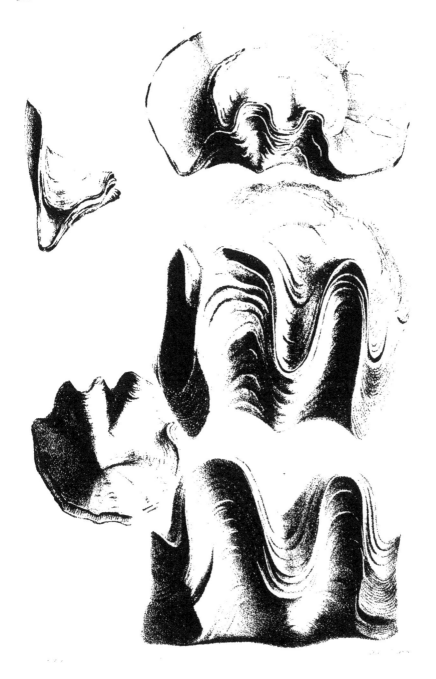

Radiolites sinuata d'Orb.

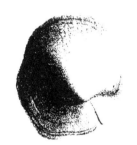

1. 3.   *Radiolites Royana*, d'Orb. C.

4. 8.   R ——— *Acuta*, d'Orb. C.

Biradiolites canaliculata, d'Orb. C.

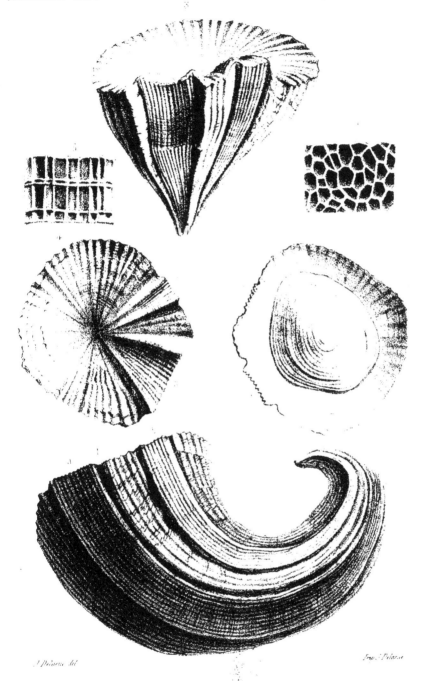

J.Delarue del.   *Imp.J.Delarue.*

Biradiolites cornupastoris, d'Orb. C.

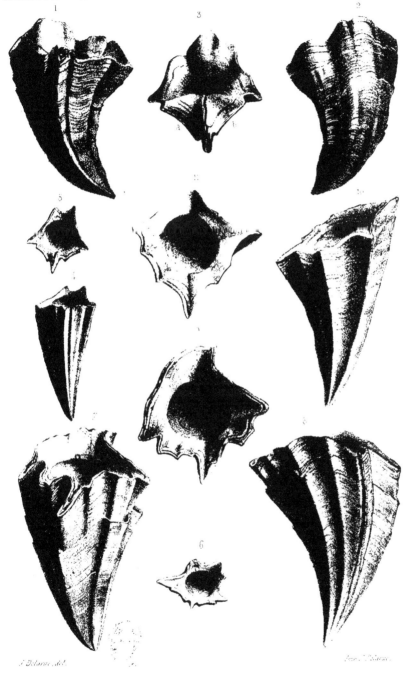

J. Delarue del.

Imp. Becquet.

1_5. *Biradiolites quadrata*, d'Orb. C.
6_11. B. _____ *angulosa*, d'Orb. C.

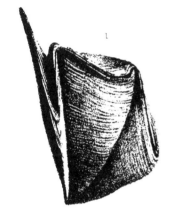

Biradiolites fissicostata d'Orb C.

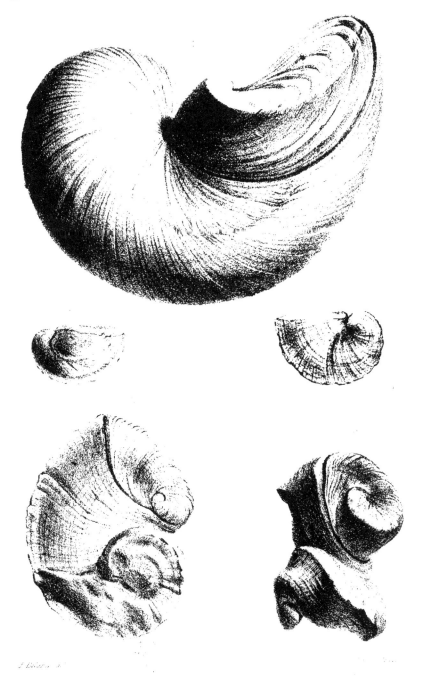

Caprotina Lonsdalii, d'Orb. X.

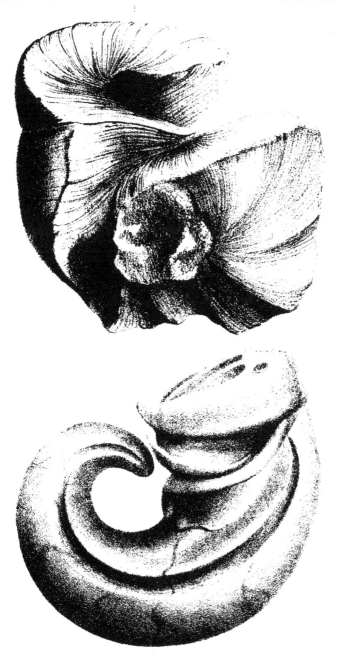

J.Delarue.del.　　　　　　　　　　　　Imp. J.Delarue

Caprotina Lonsdalii , d'Orb. V.

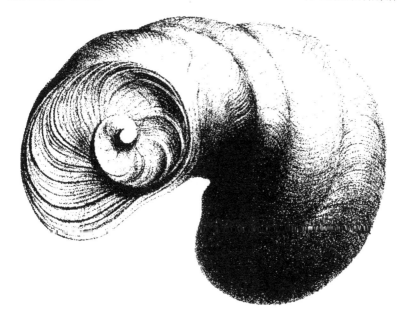

Caprotina ammonia, d'Orb. N.

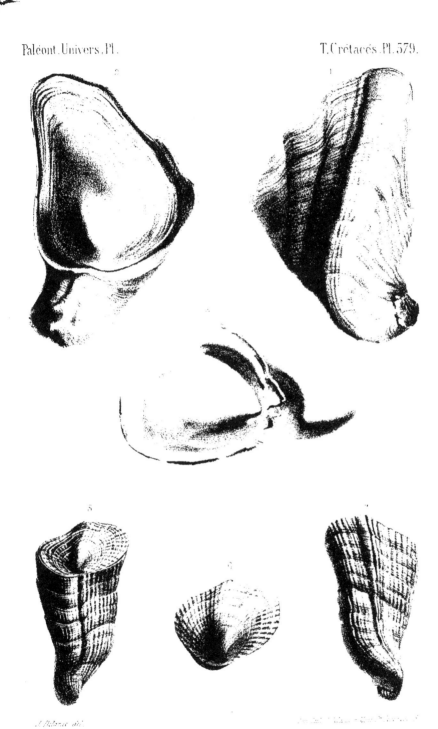

1 _ 3.   *Caprotina Gryphoides, d'Orb. N.*
4 _ 6.   *C. _____ Sulcata, d'Orb. N.*

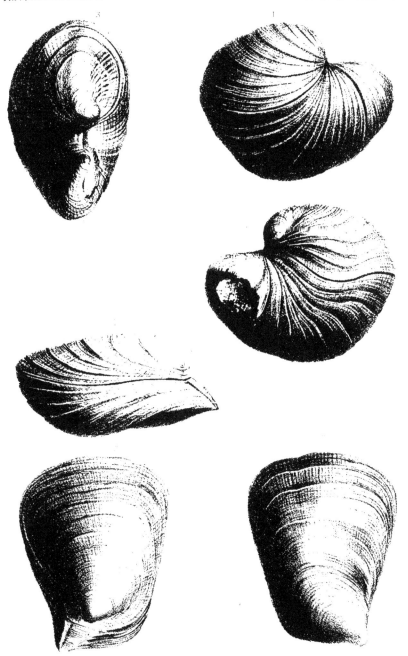

, 3. *Capretina varians*, d'Orb. N.
, 6. C——— *depressa*, d'Orb. N.

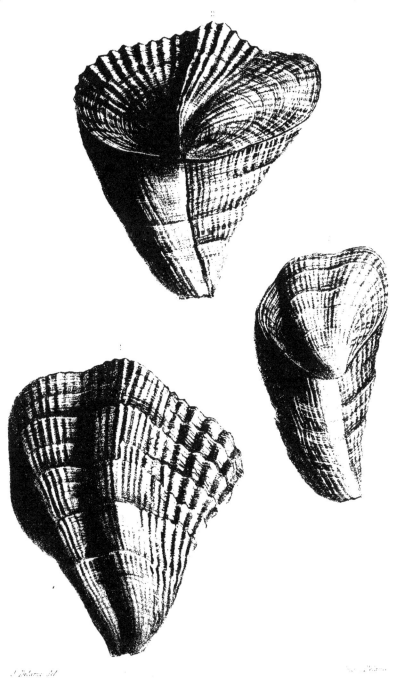

Caprotina imbricata. d'Orb. X.

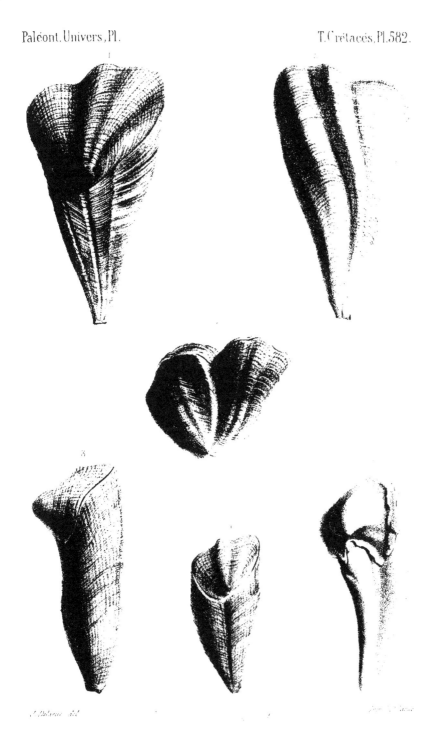

Caprotina trilobata, d'Orb. X.

Caprotina lamellosa , d'Orb. N.

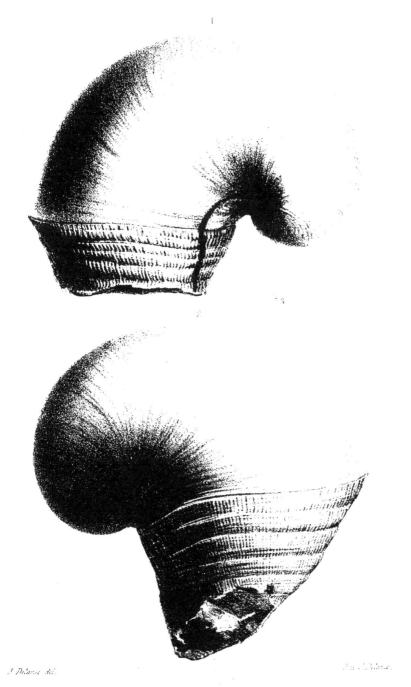

Caprotina quadripartita. d'Orb. N.

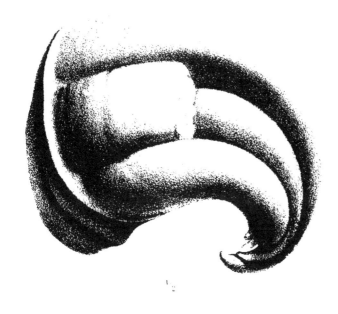

J. Delarue del.   Imp. J. Delarue.

Caprotina quadripartita, d'Orb. N.

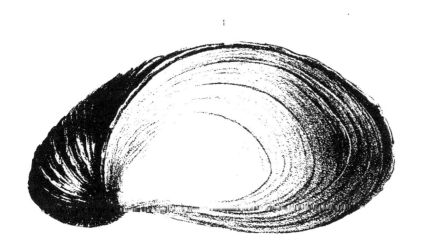

Caprotina rugosa d'Orb N

Caprotina navis, d'Orb. C.C.

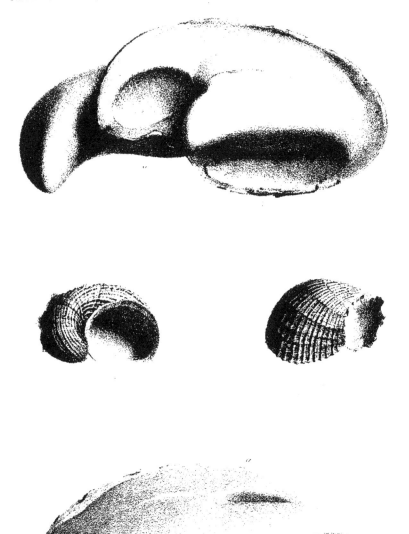

Caprotina navis, d'Orb. C.C.

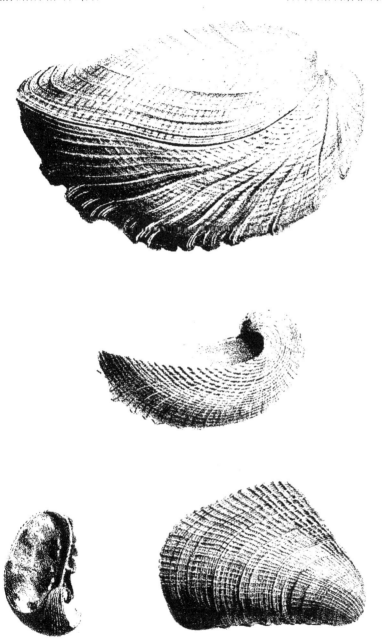

Caprotina Delaruana , d'Orb. C.C.

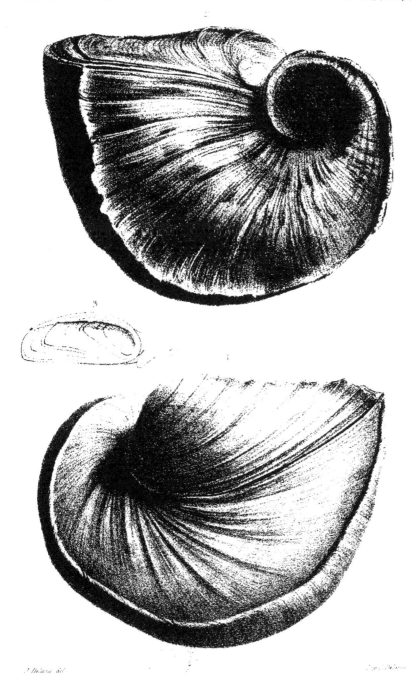

Caprotina lævigata, d'Orb. C.C.

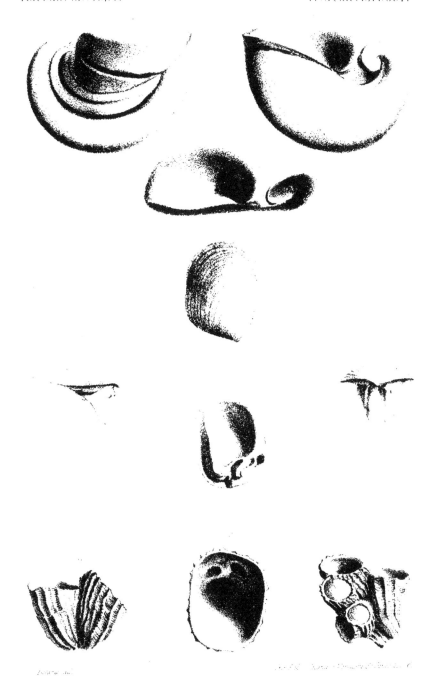

1 _ 3. *Caprotina lævigata*, d'Orb. C.C.
4 _ 10. *C.* _____ *costata*, d'Orb. C.C.

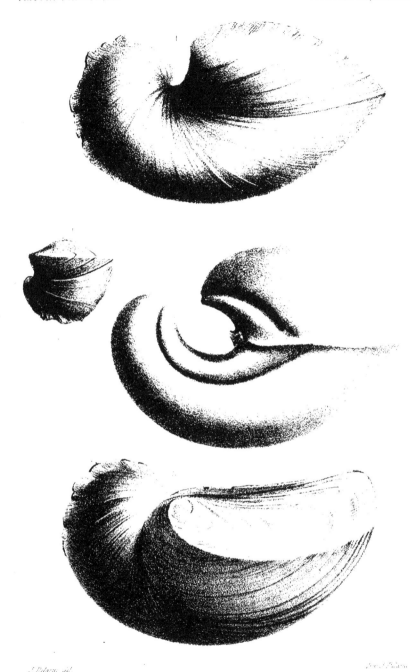

Caprotina Carantonensis, d'Orb. CC.

1, 2. *Caprotina carinata*, d'Orb. C.C.
3, 6. *C. _____ striata*, d'Orb. C.C.

J.Delarue.del.

Caprotina semistriata , d'Orb. C.C.

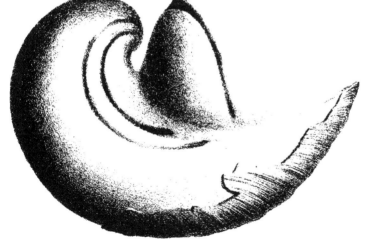

1 _ 4. *Caprotina cenomanensis, d'Orb.* C.C.
5. *C. _____ Toucasianus, d'Orb.* C.

J. Delarue del.   Imp. Becquet

Caprotina Toucasianus , d'Orb. C.

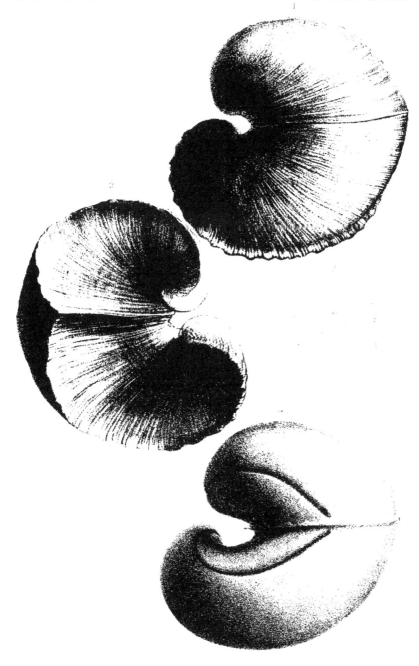

Caprotina Archiaciana d'Orb.C.

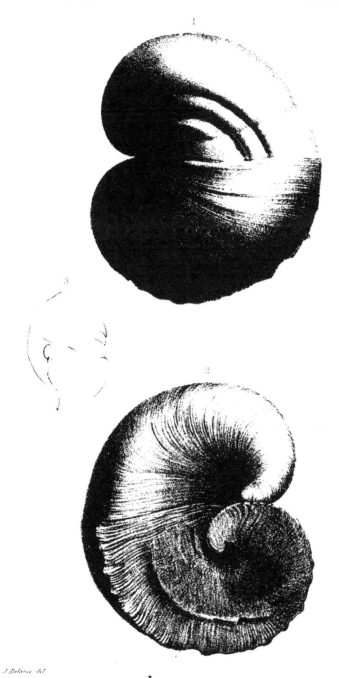

J.Delarue del   Imp.J.Delarue

Caprotina subæqualis, d'Orb. C.

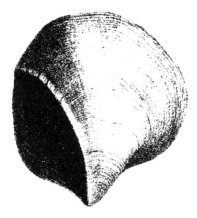
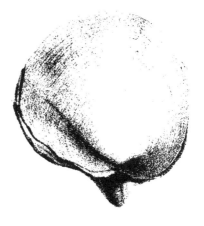

1, 2. Caprotina Michelini, d'Orb. C.
3, 4. C.——— unisulcata, d'Orb. C.
5_8. C.——— Martisensis, d'Orb. C.

CPSIA information can be obtained
at www.ICGtesting.com
Printed in the USA
BVHW041545200421
605394BV00002B/163

9 782329 603193